Merveilles de
Homœopathie.

T 135
e
4

LES MERVEILLES

de l'Homœopathie

OU

MILLIONISME.

Discours académique.

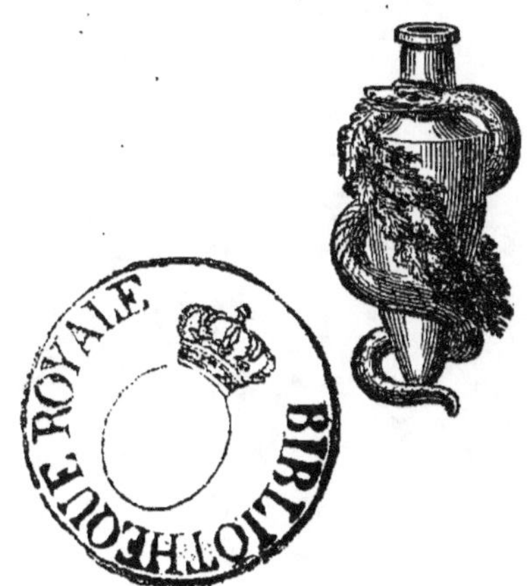

LYON.

IMPRIMERIE DE LOUIS PERRIN.

—

1832.

LES MERVEILLES

DE L'HOMOEOPATHIE,

ou

MILLIONISME.

DISCOURS ACADÉMIQUE.

Messieurs, rien ne prouve mieux l'instabilité de l'esprit humain que la succession rapide et inépuisable des
systêmes qu'il a créés pour expliquer ou coordonner
les faits scientifiques. Rien aussi ne prouve mieux le peu
de progrès que nous avons faits dans la connaissance
des causes finales, dans le sanctuaire de la nature. Il
semble, comme le dit Séneque, qu'elle s'est couverte
d'un voile impénétrable. Cependant chaque secte a toujours assuré, avec une imperturbable fermeté, qu'elle
avait déchiré ce voile, qu'elle avait franchi le seuil du
sauctuaire, et qu'elle en avait pénétré tous les secrets.
Mais à peine avait-elle paru triompher des obstacles
qu'elle avait rencontrés, qu'une secte nouvelle finissait
son règne d'un jour, et lui arrachait le sceptre pour le
garder moins long-temps encore. Si nous voulions énu-
mérer tous les systêmes qui ont ainsi passé comme un
vent léger sur l'horizon scientifique, des volumes ne
suffiraient pas, et nous en tirerions peut-être cette conséquence désolante, que, puisque tant d'hommes célè-
bres, tant de génies, n'ont pas pu trouver le vrai systême, il ne peut pas l'être, et qu'un esprit sage ne doit
pas perdre son temps à une aussi futile recherche. On
aurait droit sans doute de le conclure; mais il ne faut
jamais se hâter en fait de science. Cette conséquence

pourrait être funeste, en arrêtant l'élan d'un talent supérieur sur le point peut-être de nous dévoiler enfin la vérité. Ce qu'un homme, ce que dix, ce que mille hommes n'ont pas trouvé, ne peut-il pas l'être par un autre homme? ne fesons-nous pas tous les jours des découvertes qui avaient échappé à nos ancêtres? Et d'ailleurs l'esprit humain connaît-il des bornes? eh! qui oserait lui en assigner? Ne savons-nous pas enfin que l'esprit de Dieu souffle où il veut et quand il veut, que sa puissance est infinie, et qu'il peut révéler aujourd'hui ce qu'il cachait hier? Préservons-nous donc de trop de précipitation. De ce que mille systêmes ont trompé nos espérances, ne concluons pas qu'ils sont tous les mêmes, et par anticipation n'allons pas sans examen frapper d'anathême un systême nouveau. Gardons un juste milieu. Sans tout admettre avec cette crédulité qui tient de l'ineptie, ne rejetons rien sans l'avoir approfondi: sachons nous tenir également éloignés de ces deux extrêmes, dont l'un nous retiendrait dans une enfance perpétuelle, sans nous faire profiter des améliorations qui nous promettent de nouvelles découvertes; tandis que l'autre, en brouillant tout sans cesse, nous replongerait à chaque instant dans le chaos, et nuirait à l'avancement de l'esprit humain. Soyons sceptiques, dans ce sens seulement que nous devons douter jusqu'à ce que nous ayons acquis la conviction.

Tandis qu'en France le fougueux Broussais, et en Italie le pacifique Rasori, imposaient leurs doctrines à leurs contemporains; en Allemagne le savant et modeste Hahnemann observait la nature dans les maladies de l'homme, fesait des expériences sur les effets purs des médicaments, et méditait dans le silence les phénomènes des uns et des autres pour en faire aussi une doctrine nouvelle. Lorsqu'il eut assez fait pour se convaincre de la vérité, il la fit connaître. Elle éprouva le sort de toutes les doctrines nouvelles : elle fut repoussée par les anciens médecins, qui étaient trop identifiés avec leurs vieilles croyances pour les abandonner. Quelques jeunes gens se firent les champions de leur maître, plus peut-être pour se mettre en évidence que par conviction, parce que le public aime la nouveauté, et qu'une doctrine nouvelle semble toujours une conquête pour la science ; car les chefs le disent. A mesure qu'ils publièrent les résultats brillants qu'ils obtenaient, la doctrine fut plus connue, mieux appréciée, et elle fit des progrès. Malheureusement le charlatanisme s'en empara, et un homme de mérite aurait craint de se mesurer avec de misérables jongleurs. Telle a été la cause qui a si long-temps empêché l'homœopathie de sortir de son obscurité. En France on la connaissait à peine ; quelques articles de journaux en avaient fait mention d'une manière bien peu propre à la recommander. Aussi personne ne s'en occupa ; et peut-être fût-elle restée dans le néant, si un homme lettré, nouveau Sganarelle, ne se fût mis à l'exploiter dans notre ville. Ses succès furent révoqués en doute par les médecins, qui ne purent ou ne voulurent pas y croire, parce qu'ils étaient prévenus contre la doctrine. Mais le public, qui ne se trompe jamais, en admira d'autant plus le pouvoir, qu'elle était plus incompréhensible, et qu'elle opérait et promettait plus de merveilles. La mode et la vogue s'entendirent : on courut en foule chez le dispensateur des petits paquets ; on fit couler chez lui le Pactole à la place de quelques millionièmes de substances médicamenteuses. J'avoue que, bien loin de me rendre à tout ce que j'entendais raconter de merveilleux, je me fis un champion de l'antagonisme de l'homœopathie ; je partageais l'incrédulité de la plupart de nos confrères ; je ne voyais encore dans tout ce manége qu'une jonglerie, qu'on ne pouvait pas même prendre la peine de réfuter sérieusement, et dont tout partisan rougirait bientôt, honteux d'avoir pu se laisser aussi grossièrement abuser; je fixais même à quelques mois la durée de cette surprenante mystification de notre siècle de lumières. Lorsque je pensais ainsi, Messieurs, je n'avais point approfondi l'homœopathie; je n'avais point expérimenté la puissance des médicaments réduits én atômes inconcevables; en un mot je parlais en aveugle.

Les miracles que la renommée mettait sur le compte de cette pratique efficace, m'inspirèrent enfin le désir de connaître par moi-même des effets aussi surprenants. J'entrepris homœopathiquement plusieurs cures ; les succès passèrent mes espérances, et mon incrédulité fut ébranlée. D'autant plus curieux que j'avançais davantage dans la profondeur de cette méthode, j'en étendis successivement les bornes, parce qu'un fait en amenait un autre. Enfin, je l'avouerai, des résultats aussi merveilleux m'ont fait tourner la tête, et l'antagoniste de l'homœopathie en est devenu le plus chaud partisan. Convaincu de la bonté de ce systême universel, je viens vous présenter les faits que j'ai recueillis. Lorsque vous les connaîtrez, je n'en doute point, d'aussi beaux résultats vous convertiront, comme ils m'ont converti.

Mais avant de passer à l'exposition des faits, je vous rappellerai en peu de mots en quoi consiste l'homœopathie.

Le célèbre Hahnemann, ayant observé que les maladies n'étaient que des dérangements de l'organisme, et que ces dérangements produisaient des symptômes uniformes, réduit toute l'étude des maladies à l'étude des symptômes, ou plutôt il ne voit point de maladie, il ne voit que des symptômes individuels, parce que pour chaque individu il faut recueillir tous les phénomènes qu'il présente, sans s'inquiéter s'ils ont ou non du rapport avec des phénomènes précédemment obser-vés, et sans les rapporter à aucune altération d'organe ou de tissu. Ainsi, il ne reconnaît ni pleurésie, ni péri-pneumonie, ni gastrite, etc.; mais il voit un individu qui a une douleur de côté, de la difficulté à respirer, une petite toux, le pouls accéléré, etc., etc. Vous voyez que cette méthode diffère infiniment de la nôtre, et qu'elle est déja un progrès immense de la science (

). Ayant observé, d'un autre côté, que les médi-caments produisent tous un effet quelconque sur notre économie, il étudia ces effets. Il vit que l'un donnait des coliques, un autre de l'oppression, un autre des convulsions, quelques-uns de la fièvre, d'autres de la céphalalgie. Il compara ces effets et leurs symptômes avec ceux des maladies, et il leur trouva une analogie telle, qu'il en conclut que les substances médicinales produisaient elles-mêmes des maladies artificielles sem-blables aux maladies réelles. Ce rapprochement, qui n'était que curieux, devint pour l'homme de génie un trait de lumière : il le mit sur la voie d'une grande dé-couverte, lorsqu'il fit attention que la vaccine artificielle préservait de la variole, que le mercure, en produisant des ulcères et des caries, guérissait de la syphilis. Il n'en fallut pas davantage, l'homœopathie fut trouvée. Il s'occupa dès lors à rechercher les effets purs des mé-dicaments purs sur les corps sains ; il les nota avec soin, et en les comparant avec les effets purs des maladies simples, il leur trouva une ressemblance telle, qu'il pensa que ce n'était pas inutilement que la nature avait établi cette concordance. Il en fit usage dans les cas de maladies naturelles semblables, et il obtint des guérisons qui le confirmèrent de plus en plus dans la bonté de sa méthode. Un observateur comme Hahnemann ne pouvait pas laisser son ouvrage imparfait. Les doses des médicaments lui avaient toujours paru mal déterminées ; il regardait comme indispensable de les fixer d'une manière précise et invariable. Il s'aperçut que plus ils étaient raréfiés, plus ils acquéraient de vertu et d'énergie ; il s'occupa donc de produire des raréfactions (*verdünnung*) vraiment impondérables, et de chercher jusqu'à quel point des atômes agiraient sur l'économie. Les expériences furent convaincantes : ces atômes, impossibles à calculer par l'imagination, produisirent des effets incontestables· De là naquit sa méthode curative de n'administrer que des millionièmes, trillionièmes, décillionièmes, et même trigintillionièmes de grain de médicament, en un mot le *millionisme*.

Un esprit juste et nourri des principes d'une médecine éclairée et fondée sur l'expérience de nos devanciers, aura de la peine à croire que de pareils atômes puissent opérer des effets aussi surprenants ; il pourra même taxer d'absurdité une telle croyance. Je ne le blâmerai pas, parce que j'ai pensé comme lui. Mais lorsqu'on réfléchit qu'il est dans la nature une foule de causes impondérables et inappréciables autrement que par leurs effets ; que, par exemple, les miasmes des amphithéâtres et des hôpitaux, les effluves des marais, le principe d'une épidémie, n'ont jamais pu être saisis, et n'en produisent pas moins des effets bien graves ; que le calorique, l'électricité, la parole, la pensée surtout, ne sont pas plus accessibles à nos instruments physiques ou chimiques. Lorsqu'on voit, au microscope solaire, des milliers d'animaux énormes, et pourtant parfaits, se jouer à leur aise dans une gouttelette d'eau ; lorsqu'on sait qu'un grain de musc peut, pendant des années, parfumer une chambre et tous les objets les plus petits qu'elle renferme, sans rien perdre de son poids : alors on ne doute plus de l'excessive divisibilité des corps, on devient moins incrédule sur la possibilité des effets puissants des atômes, et bientôt les faits achèvent le reste.

Je ne vous parlerai pas des cas nombreux dans lesquels les groupes des symptômes constituant ce que j'aurais appelé jadis une gastrite aiguë ou chronique, une entérite, une pleurésie, un rhumatisme, etc., ont été enlevés comme par enchantement par une goutte ou deux représentant la millionième ou quadrillionième partie d'un grain de la substar.ce homœopathique appropriée : ces histoires sont communes aujourd'hui, vous devez les connaître assez ; elles courent les rues. Je vous présenterai de simples faits purs qui vous prouveront à la fois la supériorité de l'homœopathie sur toutes les doctrines passées et futures, et les ressources inépuisables qu'elle promet à ceux qui sauront l'exploiter habilement.

Première observation. — Appelé auprès d'un malheureux maçon qui était étendu au pied d'une maison en construction, sans m'informer de ce qui lui était arrivé, parce qu'Hahnemann défend comme nuisible la connaissance de la cause d'une maladie, je notai les symptômes suivants : coucher à la renverse, yeux fermés, bouche entr'ouverte, membres immobiles, insensibilité de tout le corps, respiration râleuse, enfin large dépression avec plaie contuse sur la partie latérale gauche du front et de la tête. Il n'y avait pas de temps à perdre, le malade était moribond. Je me rappelai avoir vu dans une circonstance un large pavé, lancé avec force à la tête d'un homme bien portant, produire les mêmes effets purs. Ce souvenir lumineux sauva le malade. Un pavé était là ; je le réduisis homœopathiquement à la neuf cent trente septième partie d'un grain, que j'administrai sur-le-champ. Aussitôt les os déprimés reprirent leur place avec un cliquetis admirable, les yeux s'ouvrirent, la connaissance revint avec la sensibilité, et en moins de deux heures ce malheureux avait repris ses occupations et était déja perché sur son échafaud à un cinquième étage.

Si l'on ne reconnaît pas là les effets de l'homœopathie, je ne sais pas ce que l'on voudra croire.

Deuxième observation. — Je trouvai dans l'état suivant un enfant de deux ans malade depuis trois jours : agitation convulsive avec raideur des membres, tête renversée, paupières entr'ouvertes, strabisme, yeux roulants, respiration rare et saccadée, etc. Fort de la connaissance de ces symptômes, il me fut bien facile de rappeler à mon souvenir mille substances auxquelles j'avais vu produire chez des enfants sains le même effet homœopathique. Je choisis de préférence la piqûre d'une épingle à la tête, j'en fis une teinture concentrée, j'étendis une goutte de cette teinture dans une once d'eau distillée, dont une goutte fut encore étendue dans une autre once ; une goutte de cette dernière représenta environ un huit millionième de la piqûre. J'en administrai cinq gouttes que j'eus de la peine à faire avaler. Peu à peu les mouvements désordonnés se calmèrent, un sommeil calme et paisible s'établit, et l'enfant se réveilla en parfaite santé.

Ce fait n'a pas besoin d'explication : le médicament employé était évidemment le plus homœopathiquement approprié.

Troisième observation. — Un étameur de glaces, malade depuis deux mois, me fit appeler. Je notai les symptômes suivants : bouche enflammée, gencives gonflées, remplies d'ulcères, voile du palais également ulcéré, salivation abondante, dents cariées et décharnées, carie des os maxillaires. Cette affection mercurielle

ne pouvant être traitée par aucun remède homœopathique connu, je pensai que la syphilis ferait contre elle
ce que le mercure fesait contre la syphilis. Rempli de
confiance, je courus chez la....... chercher une goutte
de virus, que je pris sur le bubon le plus pur possible.
Par la raréfaction je la réduisis à n'en présenter dans
une goutte que l'hectillionième. J'en fis prendre quatre
gouttes; il y eut en deux jours une amélioration mar-
quée; mais les symptômes étant stationaires, je compris
qu'il fallait donner une seconde dose du remède. Deux
jours après, nouvelle amélioration; pour la troisième
fois je donnai quinze gouttes de l'hectillionième, et
trois jours après tout fut guéri, chancres, inflamma-
tions et carie.

Cette cure prouve que les maladies pures guérissent
les effets morbides purs des médicaments, de la même
manière et par la même loi homœopathique que les effets
purs de ces médicaments guérissent les maladies. Elle
prouve encore cette vérité constatée par Hahnemann,
qu'un médicament homœopathique guérit d'autant plus
promptement, que ses effets sont plus prompts sur les
corps sains : il a fallu trois doses de syphilis, parce
que l'infection de cette maladie ne produit ses symptômes que plusieurs jours après avoir été contractée.

Quatrième observation. — Un vieillard de quatre-
vingt-sept ans éprouvait les effets de la décrépitude et en
présentait tous les symptômes: calvitie, rides, sens obtus,
faiblesse de l'intelligence, bouche édentée, membres
grêles et flasques, rigidité des mouvements, etc. Je cherchai quelle était la cause naturelle dont les effets purs
eussent avec la vieillesse un rapport homœopathique.
La raison et l'expérience m'indiquèrent le temps. J'en
fis une teinture concentrée, dont une goutte, étendue
dans deux onces d'eau distillée de patience, donna par

goutte la division d'un millionième et quart de la goutte de teinture. J'en fis prendre sept gouttes, et comme le temps, de même que la vieillesse, n'agit que lentement dans la production de ses symptômes, je recommandai d'administrer la même dose tous les jours, à jeun. Le succès est allé bien au dela de nos désirs : quinze jours après, ce vieillard si décrépit, vint me voir avec un air de jeunesse incroyable, et me montra sur certains organes des témoignages parlants de son rajeunissement et de son malheur dans sa première aventure.

Ce résultat est un des plus brillants de l'homœopathie : il aura la plus grande influence sur le genre humain, puisqu'il prouve la possibilité de rajeunir.

Cinquième observation.—Un cultivateur me fit appeler à quelques lieues de la ville. Lorsque j'arrivai, l'état était grave; je notai les symptômes suivants : insensibilité et immobilité de tout le corps avec mouvements convulsifs rapides et continuels; gonflement général énorme avec marasme le plus complet; hanche gauche déprimée et refoulée dans le bassin; parois de l'abdomen tellement amincies qu'elles en étaient transparentes, et qu'elles laissaient voir les organes et leurs fonctions; mouvements du cœur violents; pouls insensible; respiration nulle; langue collée au palais, déglutition impossible; aphonie, cris aigus, délire, sens éteints, facultés intellectuelles intactes. Cet ensemble de symptômes contradictoires ne ressemblait à rien de ce que j'avais vu jusqu'à ce jour. Vainement je cherchai quelque chose d'analogue parmi les effets purs des médicaments, je ne trouvai rien. L'homœopathie me parut d'abord impuissante aussi bien que les autres doctrines. Comme dans les cas extrêmes et désespérés on est pardonnable de tout tenter, *melius anceps remedium,* j'accueillis avec empressement une idée qui eût été absurde dans toute autre méthode, et qui fut ici un trait de lumière. Puisque l'art, dis-je, me refuse ses ressources, essayons par la force de volonté, par la direction d'intention, de donner à une substance inerte la vertu d'opérer des effets purs homœopathiques semblables à ceux que j'observe. Aussitôt dit, aussitôt fait. La raréfaction d'une goutte d'eau en décillionièmes par son extension successive dans d'autres quantités d'eau est opérée. Cinq gouttes sont déposées sur la langue, deux dans les narines, une dans chaque œil, et trois dans chaque oreille. Combinant alors mon imagination avec l'action du remède, je l'ai vu produire en une demiheure la disparition de tous les symptômes. Dans le pays on cria au miracle, et plus de vingt cierges allèrent brûler devant l'image de la Sainte-Vierge.

Dans cette cure vous voyez les progrès que la médecine est appelée à faire; vous voyez qu'avec la force de volonté et la direction d'intention, vous pourrez soumettre à vos ordres, non seulement les maladies, mais encore tous les corps de la nature.

Je n'en doute point, Messieurs, vous aurez de la peine à croire ces faits, tellement ils sont extraordinaires. Je l'avoue même avec franchise, je ne comprends guère comment je pourrais me décider à les croire si je ne les avais pas vùs et recueillis moi-même. Cependant si l'on fait attention qu'ils s'écartent trop, je ne dis pas de la vérité, mais de la vraisemblance, pour qu'un homme sensé puisse les avoir imaginés, vous ne ferez aucune difficulté, vous les croirez d'autant mieux, qu'ils sont plus incroyables. C'est le cas de dire avec un grand saint: *Credo quia absurdum.*

Pourriez-vous résister à ces miracles? Oh! non, bien certainement! Vous ferez comme moi, vous mettrez de côté tout amour-propre, et eussiez-vous changé déja vingt fois de système avec la ferme résolution de ne plus changer, vous céderiez à l'ascendant de ces merveilles, en confessant l'infériorité de toutes les doctrines, fussent-elles pourvues du privilége de tous les rois et empereurs de la terre, parce qu'aucune n'a produit et ne pourra produire jamais rien de pareil. Votre conversion sera complète, entière; elle sera même le plus grand miracle de l'homœopathie. Vous l'embrasserez avec chaleur, et dans votre enthousiasme vous vous écrierez avec moi : « Brownisme, médecine physiologique, voire même magnétisme, disparaissez, vous êtes enfoncés! Groire, gloire à la médecine homœopathique! à elle seule tout honneur et tout profit! »

Vous seriez si éloignés de la rejeter cette doctrine bienfaisante qui enfante des miracles, que, si vous ne la connaissiez pas, vous iriez la chercher, fût-ce au fond de la Sibérie. Et si les inconvénients d'un aussi long voyage vous faisaient balancer, vous vous affranchiriez de cette difficulté, et vous pourriez, même sans sortir de votre chambre, faire un voyage de trois mois par dela les mers et les monts à l'aide de la force d'imagination et de la direction d'intention homœopathiquement préparées. Vous pourriez même, sans voir le vénérable auteur du grand système, assister par la pensée à ses cures étonnantes, et revenir riche de faits plus étonnants encore. Quel plaisir, quel bonheur à votre retour de raconter les merveilles dont vous auriez été le témoin éloigné! Et si quelque mauvais plaisant venait vous dire avec un sourire malin : « Vous venez de loin, docteur », sans tenir compte de cette ironie, vous l'écraseriez par le récit de miracles de plus en plus inconcevables; vous le renverriez aux miracles qui déja sont colonisés dans notre patrie; vous le renverriez sur-

tout au temps, ce grand maître, ce creuset homœopathique des hommes et des choses, et votre triomphe
serait assuré. — Si l'on vous disait qu'Hahnemann a
perdu la tête, ne cherchez point à le justifier en le comparant à ce philosophe d'Abdère que ses compatriotes
accusaient de folie, et dans la tête duquel Hippocrate
trouva plus de bon sens que dans celle de tous ses ac-
cusateurs. Ne le niez donc pas, parce que c'est la vérité
et qu'il ne faut jamais mentir; mais faites entendre habilement que le génie tient toujours de la folie. — Si
l'on vous disait que les ouvrages d'Hahnemann que nous
connaissons en France, sont bien loin d'inspirer de la
confiance dans l'homœopathie, tellement ils sont absurdes, convenez-en; mais attestez que ce sont les plus
mauvais de ce divin auteur, et que ceux que nous ne
connaissons pas leur sont bien supérieurs. Avec ce petit
artifice bien innocent, vous conserverez intacte la mé-
moire du maître, sans pourtant compromettre votre
conscience, et vous consoliderez de plus en plus l'édi-
fice homœopathique, qui bientôt sera l'unique en médecine, parce qu'à son aspect s'évanouiront les autres
systêmes, comme une vapeur légère se dissipe à l'aspect
du soleil. Alors l'univers entier, rangé sous les lois de
l'homœopathie, ne reconnaîtra que le grand Hahnemann
pour dispensateur des vraies lumières, comme il ne
reconnaît qu'un soleil dans le ciel. Vous proclamerez
partout la puissance de l'homœopathie; vous soutiendrez que sans elle on ne peut rien, et que jamais on n'a
guéri aucun malade jusqu'à ce jour, parce qu'on ne la
connaissait pas; vous le soutiendrez, parce que le maître
l'a dit. Si l'on vous prouvait cependant que d'habiles
médecins ont réellement guéri des malades, déclarez
alors, toujours avec le maître, qu'ils n'ont pu opérer
ces guérisons qu'en agissant homœopathiquement sans

le savoir. Oui, Messieurs, la chose est incontestable :
on n'a jamais guéri aucun malade qu'en faisant de l'homœopathie. Ainsi, vous en avez fait, vous tous qui
m'entendez, parce que vous avez tous guéri de nombreux malades. Vous avez fait de l'homœopathie, vous
qui avez traité des fluxions de poitrine, des gastrites,
des panaris; vous avez fait de l'homœopathie, vous qui
avez raccommodé des membres fracturés; vous avez fait
de l'homœopathie, et vous ne vous en doutiez pas. Vous
avez fait de l'homœopathie, et je vais vous le prouver.
D'abord, quel est le symptôme dominant d'une fluxion
de poitrine ? la gêne, l'embarras de la respiration, qui
peut aller jusqu'à la suffocation, la syncope. Qu'avez-
vous fait pour guérir ? vous avez largement saigné. Eh
bien ! saignez aussi un homme bien portant; vous le
voyez insensiblement éprouver de l'embarras dans la
respiration, il lui semble qu'il va perdre haleine, et la
syncope a lieu. Ces deux symptômes et de la maladie
et du remède sont donc homœopathiques, et voilà pour-
quoi vous avez guéri. — Qu'ont fait les sangsues que
vous avez appliquées sur l'épigastre pour guérir une
gastrite ? elles ont produit de l'irritation, de l'inflammation. Or, qu'est-ce que la gastrite, si non une irritation, une inflammation ? Voilà donc encore deux effets
homœopathiques; c'est donc une cure homœopathique.
— Pour guérir un panaris, vous avez enveloppé le doigt
d'un cataplasme chaud. Que présentait votre panaris ?
un doigt gonflé. Que ferait votre cataplasme chaud sur
un doigt sain? il le ferait gonfler. Voilà donc encore
deux effets homœopathiques qui ont dû se combattre et
s'anéantir homœopathiquement. — Mais vous, Chirur-
giens habiles, qui avez guéri tant de fractures, vous ne
voyez pas quel rapport homœopathique il y a entre le
mal et le remède! vous ne le voyez pas! attendez un

peu et vous le verrez. Vous vous servez, n'est-il pas
vrai ? d'attelles pour maintenir le membre fracturé ; ces
attelles sont en bois ? Eh bien ! armez un bras vigoureux
d'un bâton également en bois, et faites-lui en appliquer
un rude coup sur un membre: une fracture n'en sera-
t-elle pas la conséquence ? Or, voilà donc encore deux
effets et une cure homœopathiques. — Je n'en finirais
pas, si je voulais vous signaler tous les cas dans lesquels
vous avez fait de l'homœopathie, parce qu'il faudrait
que je vous fisse l'histoire de tous les malades que vous
avez guéris.

Si, à votre insu, vous avez ainsi péniblement opéré
des guérisons, que sera-ce maintenant que vous connaissez la méthode infaillible de l'homœopathie, maintenant que vous connaissez toute la puissance des millionièmes et des quadrillionièmes de grain ? Vous verrez
les miracles naître sous vos pas, et faire accourir chez
vous la foule empressée, trop heureuse de payer par des
monceaux d'or vos atômes homœopathiques ; et de
millionistes vous serez bientôt millionaires, ainsi que je
vous le souhaite. Ces bienfaits, Messieurs, nous les devrons à un seul homme, nous les devrons au génie créa-
teur qui a enfanté notre sublime doctrine. Par lui et
avec lui nous serons des dieux vivants sur la terre ; partout la reconnaissance et l'admiration nous dresseront
des autels. Il était réservé à notre siècle, si riche en
grands événements de toute espèce, de voir aussi la réforme de cet art important, qui sans contredit est le
plus essentiel à la félicité des hommes, l'art de guérir.
O mon maître Hahne mann, reçois en ce jour le juste
tribut de toute ma vénération ! c'est à toi que je serai re-
devable de la part de gloire que tu laisseras rejaillir sur
moi en m'accordant la faveur de m'associer à tes tra-
vaux. Pourrais-je ne pas en conserver un éternel sou-

venir? pourrais-je ne pas publier et tes bienfaits et ma gratitude?

Cependant, Messieurs, ne nous laissons point égarer par notre enthousiasme ; soyons vrais avant tout : c'est le seul moyen de construire un système indestructible. Convenons donc franchement que dans l'état actuel de la science, nous n'obtiendrons pas tout-à-fait tous les succès que nous désirons. Nous aurons des revers : oui, sans doute, nous en aurons, il faut nous y attendre ; et lorsqu'on nous les reprochera, ne cherchons point à nous justifier en démontrant l'impossibilité qu'un atôme aussi minime ait pu produire aucun effet nuisible. Ce serait partager sottement cet adage vulgaire, que si le remède ne fait pas du bien, du moins il ne fera pas du mal. Ce serait faire pis, ce serait renverser la médecine homœopathique: car celui qui emploierait une semblable excuse prouverait, non seulement qu'il ne la connaît pas, mais qu'il n'y croit pas et qu'il n'est qu'un misérable jongleur. En effet, on lui objecterait avec juste raison que, puisque ses atômes sont incapables de produire les mauvais effets qui ont succédé à leur administration, ils sont tout aussi impuissants dans la production des bons effets que nous leur attribuons. Et vous sentez jusqu'où irait cette attaque radicale ! Mais d'où viennent ces insuccès ? ils ont pourtant une cause. Cette cause, je la connais, Messieurs, je vous la ferai connaître ; mais auparavant, permettez-moi de vous présenter de nouveaux faits, qui, en corroborant l'homœopathie, vous mettront à même d'apprécier toute l'extension dont elle est susceptible.

Puisque les médicaments réduits en atômes ont tant de vertu, me suis-je dit, n'en serait-il pas de même des aliments? Et voilà ma tête de travailler à trouver cette heureuse application du millionisme.

J'ai commencé par le bouillon. J'en ai réduit homœopathiquement une goutte en une teinture qui, par sa raréfaction, est arrivée à représenter dans chaque goutte le vingt-cinq-millionième de la goutte primitive. J'ai donné comparativement quatre gouttes de cette préparation à plusieurs malades, tandis que leurs voisins prenaient le bouillon ordinaire. Le résultat fut satisfaisant : ceux qui avaient pris les atômes se trouvèrent mieux rassasiés, mieux nourris que les autres. J'en ai préparé de la même manière pour mon usage domestique. On en a fait de la soupe qui a présenté avec tout autre une différence inconcevable. J'ai calculé qu'avec une écuelle de bouillon ainsi millionisée on pourrait nourrir la ville de Lyon tout entière, mieux qu'avec une marmite du bouillon le mieux confectionné pour chaque individu.

Mes essais sur le lait, d'abord pour les petits enfants à la mamelle, puis pour les grands, m'ont donné les mêmes résultats.

Enhardi par ces succès, j'en ai étendu l'application successivement aux œufs, aux pommes de terre, aux fruits, aux légumes, à la volaille, au gibier. J'ai réussi partout, tellement que j'ai eu le plaisir d'offrir à plus de cent cinquante personnes un dîné splendide ainsi homœopathisé. On a fait des excès ; et ce qu'on a le plus admiré, c'étaient des pièces de gibier atomisées. Cela produisait un effet pittoresque d'autant plus curieux qu'il était le premier et l'unique de ce genre. Ce repas m'a très peu coûté ; et si vous voulez m'imiter, vous pourrez à l'avenir régaler ainsi vos amis à très bon marché. Est-il besoin d'après cela de vous parler des économies immenses que chacun pourra faire, et des avantages incalculables que les établissements de charité et les gouvernements en retireront ? Vous le devinez assez.

A mon retour de Paris, il y a six mois, la diligence, trop chargée pour le nombre des chevaux, les arrêta au quart tout au plus d'une longue montée; rien ne pouvait plus les faire avancer. L'homœopathie vint à notre secours. Je soumis ces animaux, au nombre de cinq, à la raréfaction millionière. En moins d'un quart d'heure l'opération fut faite. Ils se trouvèrent ainsi réduits au volume tout au plus d'un ciron imperceptible. Ils avaient acquis d'autant plus de force qu'ils se trouvaient dégagés de plus de matière. Ce qu'ils n'avaient pu auparavant, ils le firent en un clin d'œil, et notre voiture se trouva à la cime de la montagne, même avant que nous eussions pu nous en douter. Elle ne semblait plus traînée par des chevaux; elle semblait se mouvoir d'elle-même et par son propre instinct.

Mon dernier essai a été fait sur une pompe à feu de la force de deux chevaux. J'en ai soumis les fourneaux, les chaudières, les cylindres, les pistons, les rouages, les supports, le volant, en un mot chaque pièce isolément au creuset homœopathique. J'ai ainsi millionisé la machine. Hier seulement, elle a été essayée devant un nombreux concours de spectateurs. Elle a produit une force de plus de soixante-et-dix chevaux. On était émerveillé; et depuis trois ans qu'elle n'a pas discontinué de manœuvrer, elle n'a éprouvé aucun dérangement, ni nécessité la moindre réparation. C'est incroyable.

Vous voyez, Messieurs, par ces faibles essais que l'homœopathie, ainsi appliquée à la mécanique, peut rendre des services immenses à la classe industrielle. Quelle économie dans les moyens employés! quelle perfection dans la force et la promptitude d'une machine atôme! Tout sera bénéfice. Il ne faudra plus nous tuer de peine pour amasser une modique fortune, les mines du Potose nous seront ouvertes. Mais ce sera la génération future qui jouira le plus de tous ces avantages. O nos neveux ! vous nous bénirez, lorsque vous songerez que vous nous êtes redevables de tant de bonheur !

Vous seriez dans l'erreur, si vous pensiez que j'ai le premier donné une semblable extension à la méthode homœopathique. Non, Messieurs, je n'ai point ce mérite; je m'empresse de rendre à César ce qui appartient à César, bien persuadé que cette uniformité de succès de la part de gens qui opéraient à l'insu les uns des autres, vous inspirera encore plus de confiance. Contemplez ce qui se passe autour de vous; voyez quel essor ont pris tout-à-coup nos grands politiques. Vous ne vous doutiez pas que c'était à l'homœopathie qu'ils devaient cette profondeur de vue, cette hauteur de pensée à laquelle ils se sont élevés; rien pourtant n'est plus vrai : ils ont réduit homœopathiquement leur cerveau matériel à des atômes trillionisés. Aussi vous voyez avec quelle facilité il sort de ces petites cervelles des milliers de millionièmes de systêmes, que vous jugez souvent absurdes, vous gens encore matériels, grossiers, et non homœopathisés. Vous voyez avec quelle facilité ils bouleversent les états, renversent les souverains, gagnent des batailles, et établissent partout un ordre homœopathique, que vous prenez pour le désordre, vous, encore une fois, qui n'êtes pas à la hauteur de l'incomparable homœopathie.

Vous souriez à toutes ces merveilles, et vous avez raison ; car elles promettent beaucoup. Cependant, il il ne faut pas vous attendre à réussir toujours au gré de vos désirs. Non, Messieurs, l'homœopathie n'est pas encore arrivée à ce degré de perfection qui assure des succès constants. Vous le savez, nous vous avons prédit des revers ; et c'est la cause de ces revers que je vais maintenant vous faire connaître, afin de chercher à les éviter. Pour réussir toujours, il faudrait que les atômes homœopathiques ne rencontrassent point d'autres atômes. Malheureusement il n'en est point ainsi : l'univers est rempli d'atômes divers et hétérogènes qui s'unissent, se combattent, se neutralisent ; de sorte qu'il est bien rare, pour ne pas dire impossible, que l'atôme homœopathique arrive indépendant à sa destination. Comment voulez-vous alors qu'il puisse produire les effets purs qui sont indispensables pour les succès ou de la cure ou de la réduction ? Telle est la véritable cause des revers innombrables que notre doctrine a essuyés jusqu'à ce jour. Aussi, lorsqu'on vous proposera de faire des essais publics, dans un hôpital, par exemple, gardez-vous bien d'accepter : ce serait le moyen de perdre la doctrine, parce que là, plus que partout ailleurs, sont entassés des miasmes de toute espèce qui viendraient paralyser vos miasmes homœopathiques, et vous n'obtiendriez rien que le ridicule de voir les maladies se moquer des millionièmes. L'homœopathie serait donc impraticable, anéantie, et tout son échafaudage avec elle, si nous ne possédions pas un moyen infaillible de remédier à ce grave inconvénient. Le moyen est bien simple, c'est d'isoler tellement les millionièmes homœopathiques, qu'ils arrivent à leur destination sans rencontre fâcheuse, et en même temps de détruire tous les atômes qui pourraient après eux s'introduire dans le corps, pour en combattre et détruire les effets purs. Mais à ce compte, me direz-vous, il faut refaire l'univers. Refaire l'univers !.... C'est le mot, Messieurs, vous l'avez dit ; il faut le refaire. C'est la grande solution que nous nous sommes proposée Hahnemann et moi, parce que toute la question est là, tout en dépend. Mais aussi le succès de l'entreprise est certain, parce que l'homœopathie nous le promet. Oui,

Messieurs, nous le referons, et pendant que nous serons en train, vous pensez bien que nous le rendrons bon; nous ferons mieux, nous le rendrons très bon, et meilleur encore s'il est possible. L'univers homœopathiquement régénéré sera donc notre ouvrage! Contemporains, le jour de cette grande réforme est venu, et tandis que les noms des grands conquérants seront effacés des fastes de l'histoire, une génération éclairée et heureuse nommera encore avec des transports de joie, et d'amour les véritables pères des peuples ; car cette découverte ne peut pas être le patrimoine exclusif d'un individu ni d'une nation : elle appartient à l'univers. O mon maître! ô moi! quel honneur! quelle gloire! voyez déja les portes du Panthéon s'ouvrir à deux battants pour nous recevoir! seront-elles assez larges?

P. S. Comme cette belle régénération de l'univers n'est pas encore faite, puisque nous n'en avons pas même le moule, il faut, Messieurs, dans les revers que vous éprouverez, savoir faire tourner au profit de l'homœopathie et au vôtre cette cause miasmatique de vos insuccès, en les lui attribuant avec habileté et adresse. Ce qui m'est arrivé ces jours derniers vous montrera tout le parti qu'on peut en tirer. Cet exemple vous instruira mieux peut-être que toutes les leçons imaginables.

M. R.... avait contracté la maladie régnante. Son médecin ordinaire le traita inutilement pendant huit jours. Il toussait toujours. Il voulut essayer de la méthode expéditive de l'homœopathie, et je fus appelé. Pendant neuf jours les millionièmes les mieux appropriés ne procurèrent aucun amendement. On murmura tout bas contre la doctrine. Il fallait, aux yeux du vulgaire, sauver son honneur et le mien. J'étais bien persuadé que des mias-

mes ennemis avaient neutralisé les miasmes homœopathiques; mais il fallait le prouver aux autres. Je par-
courus des yeux la chambre du malade; et je n'y trouvai ni vernis frais, ni fleurs, ni garde-manger, pas
même, sur la cheminée, un flacon d'eau de Cologne ou
un pauvre petit morceau d'écorce d'orange. Cela ne m'em-
pêcha pas de prédire doctoralement que je ferais connaître la cause de cette inefficacité, et je sortis. En jetant
les yeux sur les balayures qui étaient dans l'escalier,
j'aperçus un vieux bouquet de violettes tout desséché. Je
m'en emparai et je rentrai précipitamment. Alors pre-
nant le ton prophétique, j'annonçai gravement qu'il y
avait dans l'appartement quelque substance odorante qui
avait paralysé l'atôme homœopathique. Pendant qu'on
cherchait, je glissai mon bouquet derrière un tableau.
Moins on trouvait, plus je protestais qu'elle existait
cette cause qui avait prolongé la maladie. Enfin le bouquet précieux fut découvert. Vous jugez alors du
triomphe et de la médecine et du docteur homœopathiques. La maladie avait parcouru ses périodes; elle
se termina bientôt, non par sa marche naturelle, mais
par l'action du remède qui n'avait plus contre lui un
bouquet de violettes desséché.

Enfin, Messieurs, vous pourrez échouer encore,
même après avoir pris toutes les précautions les plus
scrupuleuses pour éloigner les miasmes, parce que les
malades auront, les uns, laissé échapper un gaz hy-
dro-sulfureux, les autres, retenu ce gaz miasmatique.

*